国家林业和草原局普通高等教育"十三五"规划教材
高等院校园林与风景园林专业实践系列教材

# 插花艺术与花艺设计实习指导

刘 燕 李秉玲 编著

中国林業出版社
·北京·

## 内容简介

本实习指导从便于学生理解"插花艺术与花艺设计"课堂理论教学内容、进行插花花艺基本技能训练为出发点组织内容,分为"插花花艺花材认知及整理""中国传统插花基本造型练习""西方古典插花基本造型练习""现代花艺基本技法练习"和"礼仪花艺设计与制作"5个模块,每个模块下设置系列实习内容并配套教师演示作品及步骤(共48个)。不同专业、不同课程性质、不同课时均可酌情选择实习内容,材料准备方面也可以根据季节及市场花材种类变化,做适度调整。

### 图书在版编目(CIP)数据

插花艺术与花艺设计实习指导/刘燕,李秉玲编著.—北京:中国林业出版社,2020.5

国家林业和草原局普通高等教育"十三五"规划教材　高等院校园林与风景园林专业实践系列教材

ISBN 978-7-5219-0424-6

Ⅰ.①插…　Ⅱ.①刘…②李…　Ⅲ.①插花—装饰美术—高等学校—教学参考资料　Ⅳ.①J525.12

中国版本图书馆CIP数据核字(2020)第001685号

**中国林业出版社·教育分社**

| | | | | |
|---|---|---|---|---|
| **策划、责任编辑:**康红梅 | | **责任校对:**苏　梅 | | |
| **电　　话:** 83143551　83143527 | | **传　　真:** 83143516 | | |

| | |
|---|---|
| 出版发行 | 中国林业出版社　(100009　北京市西城区德内大街刘海胡同7号) |
| | E-mail: jiaocaipublic@163.com　　电话:(010)83143500 |
| | http://www.forestry.gov.cn/lycb.html |
| 经　销 | 新华书店 |
| 印　刷 | 北京中科印刷有限公司 |
| 版　次 | 2020年5月第1版 |
| 印　次 | 2020年5月第1次印刷 |
| 开　本 | 787mm×1092mm　1/16 |
| 印　张 | 6.25　**其中彩插** 1印张 |
| 字　数 | 170千字 |
| 定　价 | 35.00元 |

数字资源

未经许可,不得以任何方式复制或抄袭本书之部分或全部内容。

**版权所有　侵权必究**

# 前 言
## Preface

"插花艺术与花艺设计"是观赏园艺和园林及相关专业的专业课,属于花卉应用范畴,是一门实践性非常强的课程。目前市场尚缺少供本科生使用的实习指导书。基于学生方便理解理论教学内容,训练插花花艺基本技能,我们编写了《插花艺术与花艺设计实习指导》教材。

本实习指导已列为国家林业和草原局普通高等教育"十三五"规划教材。全书分为"插花花艺花材认知及整理""中国传统插花基本造型练习""西方古典插花基本造型练习""现代花艺设计基本技法练习"和"礼仪花艺设计与制作"5个模块,每个模块下设置系列实习内容。不同专业、不同课程性质、不同课时可酌情选择实习内容。

此外,本教材从方便实习材料准备、演示插制过程、便于学生学习的角度,以市场购买的鲜花材为主要材料,插制了48个教师演示示范作品(主要由李秉玲插制)。使用时可以根据季节及市场花材种类变化,做适度调整。

在教材的编写过程中,得到北京林业大学多位老师的关心和帮助,特别是高健洲、王沛永老师的大力支持与帮助,在此表示由衷感谢。在演示示范作品材料准备及制作过程中得到朱妙馨、刘琳妃两位同学的帮助,在此一并感谢!

由衷感谢王莲英先生在酷暑中对教材进行审阅!老先生对插花花艺事业的不懈追求与巨大贡献深深激励着我们。

本教材的编写和出版得到了北京林业大学建设一流学科专项资金的资助!

在编著过程中虽极尽谨慎,由于作者水平有限,难免有错误及不足,衷心欢迎同行及读者批评指正!

编 者
2019年10月

# 目 录
# Contents

前言

**模块 1　插花花艺花材认知及整理** ……………………………………………………（1）
  实习 1　插花花艺常用花材认知 ……………………………………………………（1）
  实习 2　花材的选购与整理 …………………………………………………………（3）
  实习 3　花材的加工与固定 …………………………………………………………（6）

**模块 2　中国传统插花基本造型练习** …………………………………………………（13）
  实习 1　中国传统插花——直立式插花练习 ……………………………………（13）
  实习 2　中国传统插花——倾斜式插花练习 ……………………………………（19）
  实习 3　中国传统插花——水平式插花练习 ……………………………………（24）
  实习 4　中国传统插花——下垂式插花练习 ……………………………………（27）

**模块 3　西方古典插花基本造型练习** …………………………………………………（29）
  实习 1　西方古典插花基本造型——半球型练习 ………………………………（29）
  实习 2　西方古典插花基本造型——球型练习 …………………………………（31）
  实习 3　西方古典插花基本造型——水平型练习 ………………………………（33）
  实习 4　西方古典插花基本造型——三角型练习 ………………………………（35）
  实习 5　西方古典插花基本造型——倒 T 型练习 ………………………………（38）
  实习 6　西方古典插花基本造型——L 型练习 …………………………………（40）
  实习 7　西方古典插花基本造型——扇型练习 …………………………………（42）
  实习 8　西方古典插花基本造型——S 型练习 …………………………………（44）
  实习 9　西方古典插花基本造型——新月型练习 ………………………………（46）

**模块 4　现代花艺基本技法练习** ………………………………………………………（48）
  实习 1　现代花艺基本技法——捆绑与绑饰练习 ………………………………（48）
  实习 2　现代花艺基本技法——层叠与重叠练习 ………………………………（51）
  实习 3　现代花艺基本技法——弯折练习 ………………………………………（53）
  实习 4　现代花艺基本技法——粘贴练习 ………………………………………（55）
  实习 5　现代花艺基本技法——编织练习 ………………………………………（58）
  实习 6　现代花艺基本技法——组群练习 ………………………………………（60）
  实习 7　现代花艺基本技法——架构练习 ………………………………………（64）

**模块 5　礼仪花艺设计与制作** …………………………………………………………（69）
  实习 1　花结（丝带花）制作 ……………………………………………………（69）
  实习 2　胸花设计与制作 …………………………………………………………（77）
  实习 3　花束设计与制作 …………………………………………………………（79）
  实习 4　新娘捧花设计与制作 ……………………………………………………（87）
  实习 5　礼仪花盒设计与制作 ……………………………………………………（89）
  实习 6　礼仪花篮设计与制作 ……………………………………………………（91）

# 模块1 插花花艺花材认知及整理

## 实习1 插花花艺常用花材认知

### 一、目的与要求

认知鲜切花市场常见的各类花材、主销品种、主要规格以及供货季节等，掌握花材的观赏特点及水养寿命，为插作花艺创作时各种花材的正确使用打下基础。

### 二、材料与用具

笔记本、相机、录音设备等。

### 三、内容及方法

（1）教师选择、确定种类丰富的鲜切花批发市场。
（2）了解市场整体情况、主要进货途径和市场产品分区。
（3）引导学生复习花材分类方法。
（4）分小组进行花卉市场的鲜切花、切叶、切枝、切果等花材的调研。
调查记录不同种及同种不同品种鲜切花的名称，包括商品名、中文名；主要颜色及其品种；观察花材的整体形态（线状、团块状、面状、散状、特殊形态）；茎或枝的形态、质地、有无附属物等；叶的形状、大小、颜色、着生方式、质地等；花的形状、色彩、大小、着生方式等；花材类型（切花、切叶、切枝）；调查不同种类花材的包装规格，水养寿命、供货期等。可参考表1-1制表填写。
（5）同时调查、记录、拍照插花花艺常见工具、辅助包装材料、干花、仿真花等信息（主要包括品牌、规格、价格）等。

表 1-1 鲜花材调查表

| 序号 | 中文种名/商品名/拉丁名 | 颜色 | 代表品种 | 整体形态 | 水养寿命/d | 包装规格 | 供货期 | 备注 |
|---|---|---|---|---|---|---|---|---|
| 1 | 月季（玫瑰）<br>*Rosa* spp. | 红色 | '卡罗拉'，'红衣主教'，'黑魔术''红拂'等 | 团块状花材 | 3~10 | 20枝/扎，10或12枝/扎（进口） | 全年 | 有刺，注意安全 |
| 2 | 鹤望兰（大鸟）<br>*Strelitzia reginae* | 橙色 |  | 特殊造型花材 | 7~14 | 5枝/扎 | 全年 | 花朵苞片形态特殊，拿放需小心 |
| 3 | 龟背竹<br>*Monstera deliciosa* | 绿色 | 有大、小叶及穿孔多少之分 | 面状花材 | 7~14 | 10片/扎 | 全年 | |
| 4 | 苹果桉（圆叶尤加利）<br>*Eucalyptus gunnii* | 灰绿色 | 单枝或多分枝，有大小叶之别 | 线状花材 | 5~10 | 3~5枝/扎（分枝），10枝/扎（单枝） | 全年 | 可做干花 |
| 5 | 艳果金丝桃（火龙珠）<br>*Hypericum monogynum* | 红、白、粉、绿 | 有大、小果之分 | 点状、散装花材 | 5~10 | 10枝/扎 | 全年 | |

### 四、作业要求

（1）完成鲜切花市场花材及辅助材料调查报告1份。

（2）根据实地调查经验，查阅网上花材购买途径，并分析其各自的特点。

# 实习2　花材的选购与整理

## 一、目的与要求

（1）了解优质、新鲜花材的评价方法；掌握评价鲜切花新鲜程度的方法，学会选择合适的鲜切花材料。

（2）了解花材一般整理和基本保鲜方法；掌握用刀或剪刀对鲜切花花材进行整理修剪及保水处理的基本方法与要领。学会初步处理花材。

## 二、材料与用具

购买的切花、切枝、切叶，如月季、百合、唐菖蒲、菊花、康乃馨、绣球、栀子叶、石榴枝、黄丽鸟蕉等常用鲜切花花材；刀、剪刀、水桶、垃圾袋。

## 三、方法及步骤

1. 花材新鲜程度辨别

参照表1-2记录花材的状态并评价其新鲜程度。

表1-2　鲜切花新鲜度评价

| 序号 | 名称 | 水分状况（饱满、失水、萎蔫） | 花茎 | 叶片 | 花朵 | 剪切状况 | 整体评价 |
|---|---|---|---|---|---|---|---|
| 1 | 月季 | 饱满 | 枝条粗直，有弹性，无折损，皮刺完整 | 叶片完整，有光泽，无病虫斑，下部叶片不腐烂，没有臭味 | 花朵坚实有弹性，花瓣边缘无积压受损 | 经剪切复水，剪口新鲜平齐，无变色、异味及发黏 | 新鲜，质优，可选用 |
| 2 | 百合 | 饱满 | 枝条较短，或长而细，不挺直，无折损及擦伤 | 叶片少，下部叶片少许黄化 | 花朵基本都盛开，少许花朵花瓣折损 | 剪口呈黄绿色，发黏，有异味 | 开放过度，存放偏长，不新鲜，质差，不能选用 |
| 3 | 唐菖蒲 | 饱满 | 枝条长而挺直，有弹性 | 上部叶片完整，下部少许叶片有折损 | 无开放花朵，基本看不见花蕾颜色 | 剪口新鲜平齐，无异味及发黏 | 新鲜，采切太生，不能选用 |
| …… | | | | | | | |

2. 花材初步整理

（1）对月季进行修剪整形，除去棘刺、下部过多的叶片，打开花部的网袋并进行花部修饰（图1-1）。

（2）用手指轻轻柔捏康乃馨的花萼，让开放度低的花朵打开（图1-2）。

图1-1　月季的整理

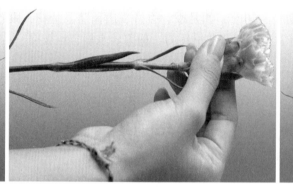

图1-2　康乃馨的整理

在教师示范、指导下，完成下列花材的整理：

①去除菊花头部的塑料包装，调整菊花花型，摘除折损的小花（注意不能用力拉拽，需掐断），去除菊花下部多余的叶片。

②用刀将绣球枝条基部斜切开，用刀尖剃掉花茎中间白色的髓心部分，将切口在明矾溶液中浸泡5~10min，增强枝条的吸水性。

③用稍强的水流冲洗栀子整个枝叶，摘除下部发黄及多余的叶片；用抹布擦拭带有尘土的叶片。

④用剪刀剪去石榴枝过密的枝叶；基部斜剪后放入盛水的箭桶中。

⑤用手轻轻分开黄丽鸟蕉的苞片，将剪下来的小段叶柄放入苞片，让苞片分开，如小鸟张开嘴。

3. 花材的基本保鲜处理

（1）将整理好的花材，在清水中重剪切口，防止气泡进入茎中。修剪时，先去除基部将入水（10~15cm）部分的叶片，剪去茎枝或花梗基部1cm左右，以斜切面为好，扩大吸水面。

（2）然后按照类别放入盛有 10~15cm 水深的清洁水桶或箭桶中待用。水桶应有足够深，以支撑花材，但不宜过大，避免花材过于拥挤，避免使用前拿取时相互磨损。

（3）室温过高季节，半天以上应该放入冷库或冷柜保存。注意热带花卉室温不宜低于 15℃，草本花卉室温不宜低于 10℃。避免制作和使用环境与储存环境的温差过大。

### 四、作业要求

（1）提交花材新鲜度判别评价表。

（2）根据实习安排，用照片记录自己整理花材的前后效果（对比）。

# 实习 3　花材的加工与固定

## 一、目的与要求

掌握花材基本加工造型方法与基本固定技巧，为插花花艺作品创作打好基础。

## 二、材料与用具

鸡冠花、非洲菊、马蹄莲、芍药、香蒲、安祖花、八角金盘、蒲葵、散尾葵、水葱、山麦冬、巴西木、一叶兰、华北珍珠梅、山茶、红瑞木、日本五针松、猬实等时令花材；枝剪、花刀、铁丝、双面胶、绿胶带、小胶带、花泥、花泥刀等工具；剑山、花瓶、盘等花器。

## 三、方法及步骤

按照教师示范和指导，进行下述练习。

1. 花朵的加工造型

（1）鸡冠花的分解：将大朵的鸡冠花用花刀切开，将硕大的鸡冠花变成小花朵，在花朵基部穿入铁丝，延长花茎。

（2）非洲菊花头大小及朝向的改变：部分非洲菊外层舌状花反卷影响美观，可将外层小花去除，仅保留盘心花部分，可改变非洲菊的大小及色彩；用铁丝竖插法固定非洲菊的花头，调整花头朝向。

2. 花茎的造型

（1）马蹄莲花茎的弯曲：观察并试着弯曲马蹄莲花茎，确定弯曲朝向后将马蹄莲花茎弯曲的一侧外皮用花刀切一小口后去掉外皮，用拇指或手掌反复揉搓花茎，直至合适弯曲弧度。

（2）非洲菊花茎的弯曲：在花茎外用铁丝螺旋缠绕法弯曲非洲菊的花茎，外面再用绿胶带缠绕（图 1-3）。

（3）水葱花茎的弯折造型：在茎秆中插入铁丝后弯折（图 1-4）。

图 1-3 铁丝缠绕法矫正非洲菊花茎

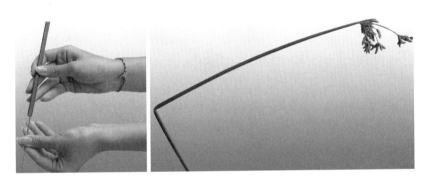

图 1-4 水葱花茎穿铁丝后弯折

3. 叶片的加工造型

（1）山麦冬叶片的卷曲：将山麦冬叶片在手指上缠绕数圈，形成自然卷曲的效果，通过改变卷曲轴心的粗细和缠绕的圈数可以呈现不同的卷曲效果（图 1-5）。

（2）叶片的弯曲造型：将巴西木叶部分卷曲呈环，用回形针（或双面胶、订书机）固定造型（图 1-6）。

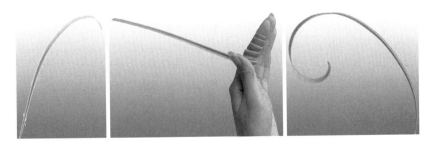

图 1-5 金边阔叶山麦冬叶片的卷曲

图1-6　巴西木叶片的卷曲

（3）叶片的撕裂：用手指将一叶兰沿着叶脉滑动，并用指甲划开叶片，也可用剑山均匀地将叶片撕裂成条形（图1-7）。

（4）叶片的修剪：将未修剪的蒲葵、八角金盘叶修剪成圆形、心形、戟形等；将散尾葵叶修剪成三角形、阶梯形等（图1-8）。

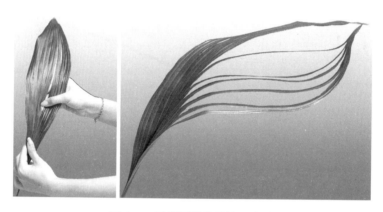

图1-7　手指撕裂前后的一叶兰

图1-8　八角金盘的修剪

**4. 枝条的修剪整形**

（1）枝条的修剪（图1-9）

①观察猬实枝条生长的方向和形态，取正面和姿态走势最佳的面及部位为主视面；

②去除病枝、弱枝及枯死枝，去除明显的交叉枝、大平行枝和硬直的正前方枝；

图1-9 木本枝条的修剪

③去除多余的叶片,待枝条清晰后再根据整体造型效果进行细部修剪;

④粗大坚硬的枝干,基部应斜剪,并在斜面上剪成"十"字形,以扩大切口面积。

(2)枝干的弯曲:将山茶(图1-10)、红瑞木枝条放在掌心,然后握拳,握拳的力度和时间根据枝条种类及所需弯曲度调整。也可用拇指将枝干依需要的弧度揉搓弯曲或旋扭。

对于直径在1cm左右的枝或韧性较差的细枝,可采用贴附或缠绕铁丝法,外面用绿色或褐色胶带缠绕后再进行弯曲(图1-11)。

对于较粗硬且脆的枝干,可将需要弯曲的部位先放入热水中浸渍几分钟,或放在火上烘烤稍许,再立刻将其放入冷水中进行弯曲。

(3)枝干的弯折(图1-12):对于较粗的枝干,可用枝剪在想要弯折处的背面刻上一道(枝条太粗需用锯,可增加刻伤道数,并使缺口呈"V"字形),深度控制在不超过枝干直径的1/2为宜,然后两手用力弯折。可在创口里加入"V"字形的小楔子,防止枝条回弹。

图1-10 山茶枝条的弯曲

图1-11　日本五针松枝干的弯曲

图1-12　日本五针松枝干的弯折

5. 花材的固定

（1）花泥固定

①浸泡花泥：把花泥放在深水中，让其慢慢吸水下沉，注意切勿按压或直接用水龙头冲。

②安放花泥：先在花瓶中下部放置废弃的花泥，然后将吸满水的花泥放在容器上，稍加压力按出容器印迹，再按印迹修切花泥，之后将花泥稳固放置于容器中，上部根据插花造型适当露出部分，并用花泥刀切削棱角，增加花泥可用面积。

③花材的插入：花茎、枝条及叶柄基部斜切后，清理干净下部即可插入花泥，深度约3cm。在插马蹄莲时先在花泥上用比马蹄莲花茎稍细的小棍扎洞后再插入马蹄莲，也可在马蹄莲花茎基部绑缚3支牙签后插入花泥。

（2）剑山固定

①细枝叶的固定：用胶带缠绕基部或将基部插入中空或松软的较粗花茎后再插到剑山上，适用于革叶蕨、南天竹小叶、细柳枝等花材（图1-13）。

图1-13 剑山固定细花枝

②重花朵花枝固定：剪取长约10cm的竹签紧贴花枝基部，再用铁丝或胶带绑牢固定，然后再插入剑山，适用于芍药、鸡冠花、香蒲等花材（图1-14）。

③柔软花茎的固定：取2~3根铁丝穿入花茎，增加花茎硬挺度，然后在其基部插入1~2根牙签后再将花茎插于剑山上，适用于马蹄莲、睡莲、水葱等植物（图1-15）。

④粗枝的固定：将枝条基部削成圆锥状或分叉形，也可再将花枝剪成"十"字形或"米"字形，然后垂直插入剑山。

（3）容器口及内部分隔法固定：用胶带将花器口打网格，利用小格固定非洲菊等花枝。用铁丝编织网片，并将其固定在瓶口，利用铁丝小网格固定安祖花、非洲菊等花枝（图1-16）。

在容器内添加石子、亚克力块、枝条、竹签、叶片等，利用其产生的间隙固定花枝。

在容器内放置随意缠绕的铁丝，利用铁丝间隙固定花枝。

用具有弹性的茎段制作一款"撒"，小心放置于瓶口内壁，卡紧后将华北珍珠梅等花枝插入瓶内被"撒"分割的一个合适的小空间里即可固定。

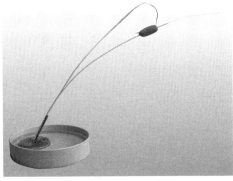

图1-14 剑山固定重花朵花枝

插花艺术与花艺设计实习指导

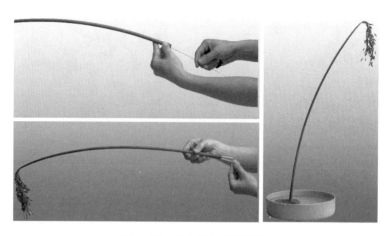

图 1-15  剑山固定柔软花枝

图 1-16  容器口及内部分隔法固定花枝

### 四、作业要求

（1）按照实习要求，完成每步操作后，经过教师检查，并拍照记录自己的作业成果。

（2）思考并讨论其他的花材固定方法。

# 模块2 中国传统插花基本造型练习

## 实习1 中国传统插花——直立式插花练习

### 一、目的与要求

通过直立式瓶花、盘花和缸花的插作实践,使学生理解中国传统插花中直立式插花的构图要求,掌握插花制作技巧、花材处理技巧及花材固定技巧。

### 二、材料与用具

(1)容器:花瓶、盘、缸。
(2)花材:创作插花所需的时令花材。包括:线状花材,如乌叶鸢尾、蛇鞭菊、菖蒲、香蒲、旱伞草、朱蕉、日本五针松、南天竹、竹子等;团块状花材,如芍药、百合、月季、荷花、莲蓬、向日葵、菊花等;散状花材,如小菊、火龙珠、多头康乃馨等;块面状覆盖叶材,如龟背竹、革叶蕨、荷叶、'金边'大叶黄杨、山茶、玉簪等。
(3)固定材料:剑山。
(4)辅助材料:绿铁丝、绿胶带等。
(5)插花工具:枝剪、剪刀、美工刀等。

### 三、方法及步骤

直立式插花的要点:第一主枝须直立向上插入容器,倾斜角度不超过15°。第二、第三主枝可根据花枝走势插在第一主枝的左、右两侧并向前倾,与第一主枝形成呼应,从而构成一个优美的立体骨架。然后在主枝之间插入必要的辅枝、焦点花、填充花等以完善造型。

#### 1. 直立式瓶花的插制

瓶花花材以少而精为原则,对花材线条的表现突出。同时瓶花中花枝的固定需借助

图 2-1　直立式草本瓶花的插制

瓶壁与花材之间的相互支撑与作用力，找准花枝的支撑点，并制作适宜的撒型才能固定稳妥。本实习以草本花材为主，采用教师先示范（图 2-1），学生按照步骤模仿制作的方式进行。

①瓶口做撒或固定花泥，本例采用做撒的方式。

②根据花瓶大小及深度确定第一主枝的长度，插入第一主枝并调整其姿态。

③根据第一主枝的长度，确定第二、三主枝的长度，根据花材形态确定大致插入位置。

④视作品的整体情况加入辅助枝。

⑤在作品约 1/4 位置插入焦点花，最后调节花型并固定。

⑥配置几座或其他配件。

### 2. 直立式盘花的插制

插花用盘器盘的深度以高过剑山 3~4cm 为宜，太浅，盘内水低于剑山，则花枝基部浸不到水中，会造成花枝失水萎蔫。中国传统插花非常重视花材在容器中立足点的位置，以及花枝在空间的伸展方向，通常采用直立式构图，剑山宜摆放在中心点上，更能展现直立式造型的挺拔耸立之势，表现出阳刚之美。盘中水面较大，插作时，要留出部分水面，以增加其通透性与开阔感。

本实习采用教师先示范（图 2-2），学生按照步骤模仿制作的方式进行。

①根据花材及构图形式选择盘形，确定剑山的立足点。在剑山的中后方插入第一主枝香蒲。

②根据香蒲的长度及重量感确定第二主枝的长度并插入。

③在第二主枝的另一侧插入第三主枝，形成基本骨架。

④在作品下 1/4~1/3 位置插入焦点花。

⑤插入辅助叶材及花枝，并调整花型。

### 3. 直立式缸花的插制

缸器体积较大，口部与腹部也大，需要花材较多，因此，要选用较具质感和重量感的枝干为骨架枝，大型花朵如牡丹、荷花、向日葵等花材为焦点花，方能显现缸花的雄健气势。缸的口部较广，腹部较深，因此，可以采用撒、剑山，以及底部放置花泥，其上加撒的方法进行花枝的固定。

本实习选用剑山固定花枝，采用教师先示范（图 2-3），学生按照步骤模仿制作的方式进行。

①在缸内中心位置放置剑山，由于插入花枝多且体量大，故选择大号的剑山，必要时可用另一个剑山倒扣以增加稳固性。

②选择花枝挺直的朱蕉，确定长度后垂直插入剑山，形成第一主枝。

③根据第一主枝确定第二、第三主枝的长度，并分别插入左右两侧。

④插入焦点花向日葵。

图 2-2 直立式盘花的插制

图 2-3 直立式缸花的插制

⑤根据空间情况插入百合和填充花火龙珠。
⑥加入衬叶,并调整以完成造型。
⑦根据造型需要可配置垫板、几架。

### 四、作业要求

(1)用瓶、盘、缸完成直立式插花作品两件。要求:构思独特,有创意;色彩和谐,赏心悦目;符合直立式插花的造型要求;整体作品及花材固定要求牢固,保证每一枝花材都能浸入水中;作品完成后将操作场地整理干净。

(2)给作品命名,完成200字以内的意境说明。

## 实习2　中国传统插花——倾斜式插花练习

### 一、目的与要求

通过倾斜式盘花、碗花及花篮的插作实践，使学生理解倾斜式插花的构图要求，了解倾斜插花基本创作过程，掌握其制作技巧、花材处理技巧、花材固定技巧。

### 二、材料与用具

（1）容器：盘、碗、花篮。
（2）花材：创作所需的时令花材。包括：线状花材，如芒、龙柳、狼尾草、火炬花、乌叶鸢尾、早园竹、山茶、珍珠梅、日本五针松等；团块状花材，如芍药、百合、月季、鹤望兰、向日葵、康乃馨、菊花等；散状花材，如小菊、火龙珠、多头月季、多头康乃馨等；块面状覆盖叶材，如龟背竹、革叶蕨、玉簪叶等。
（3）固定材料：剑山。
（4）辅助材料：绿铁丝、绿胶带等。
（5）插花工具：枝剪、剪刀、美工刀等。

### 三、方法及步骤

倾斜式插花的要点：第一主枝必须倾斜插入容器内，角度一般在30°~60°。第二、第三主枝根据花材姿态插在第一主枝两侧或一侧，注意作品的整体稳定与均衡。然后根据需要插入辅枝、焦点花等，完善造型。

#### 1. 倾斜式盘花的插制

盘面阔、身浅，水面宽阔，插作倾斜式插花宜于表现宽阔水岸风吹草动的自然景观。本实习以草本花材为主，采用教师先示范（图2-4），学生按照步骤模仿制作的方式进行。

①在盘的一侧放置剑山，并加入足够的水，没过剑山。
②选择狼尾草为第一主枝，根据容器大小确定其长度，以45°左右倾斜插入剑山。
③在狼尾草的同侧以很小的角度插入第二主枝，注意第一、第二主枝同侧，因此，第二主枝不宜太长。
④插入焦点花及第三主枝。
⑤插入填充花材进行花型微调。根据作品的需要可增加垫板等配件。

图 2-4 倾斜式盘花的插制

## 2. 倾斜式篮花的插制

花篮为编织容器，需在篮底铺垫防漏水物（防水纸或针盘）并固定花泥。篮中花材的形、质应与篮器质感协调一致。宫廷风格的花篮可选择牡丹、芍药、百合等为主花材；山野风格的花篮宜选择萱草、芒、鸡冠花等为主花材。同时，应充分发挥提梁的框景作用以及篮沿流畅的弧线之美，使之有藏有露地表现出来。

本实习采用教师先示范（图2-5），学生按照步骤模仿制作的方式进行。

①在花篮中铺垫防漏水物，固定花泥，本例采用塑料针盘防水，在针盘中放置花泥。
②根据花篮大小选择确定日本五针松的长度，向一侧稍向后插入，作为骨架。
③在另外一侧前后插入第二、第三主枝，形成立体骨架。
④在花篮一侧的靠前部分插入焦点花百合。
⑤在中心插入主花材向日葵，注意花材的层次。在花篮中根据空间情况插入康乃馨和百合，丰富花篮层次。
⑥插入火龙珠和紫叶李进行色彩调节和点缀。
⑦插入衬叶山茶和乌叶鸢尾，进行花型调整并完成作品。

## 3. 倾斜式碗花的插制

碗器口部阔而两侧壁斜，底部圈足小，因此花材过多、造型体量过高过大容易产生头重脚轻的不稳定感，故花材比例要适度缩小或选用轻质花材。同时，由于底部小，碗花只能在中心点进行插制，展现端庄优雅之美。

本实例碗花仅以碗式造型为特点插制，采用教师先示范（图2-6），学生按照步骤模仿制作的方式进行。

①在碗中放置剑山，并加水至没过剑山。向一侧倾斜插入造型的第一主枝日本五针松。
②确定第二、第三主枝长度并插入，形成立体的骨架。
③插入焦点花菊花，注意高低的错落。
④插入紫色小菊，对空间进行填充，同时调节作品色彩。
⑤最后加入衬叶，整体修饰花型并完成作品。

### 四、作业要求

（1）用盘、碗、花篮完成倾斜式插花作品两件。要求：构思独特，有创意；色彩和谐，赏心悦目；符合倾斜式插花的造型要求；整体作品及花材固定要求牢固，保证每一枝花材都能浸入水中；作品完成后操作场地整理干净。

（2）给作品命名，完成200字以内的意境说明。

图 2-5 倾斜式蓝花的插制

图 2-6 倾斜式碗花的插制

## 实习3　中国传统插花——水平式插花练习

### 一、目的与要求

通过水平式盘花、瓶花的插作实践，使学生理解水平式插花的构图要求，了解水平式插花基本创作过程，掌握其制作技巧、花材处理技巧、花材固定技巧。

### 二、材料与用具

（1）容器：盘、瓶。
（2）花材：创作插花所需的时令花材。包括：线状花材，如山茶、珍珠梅、梅花、天目琼花、日本五针松、乌叶鸢尾等；团块状花材，如芍药、百合、大花萱草、月季、菊花等；散状填充花材，如小菊、火龙珠、玉簪、松果菊、刺芹等；块面状覆盖叶材，如革叶蕨、玉簪叶、大叶黄杨、熊掌木等。
（3）固定材料：剑山、花泥。
（4）辅助材料：绿铁丝、绿胶带等。
（5）插花工具：枝剪、剪刀、美工刀等。

### 三、实习方法及步骤

水平式插制要点：第一主枝横向近乎水平地插入容器中，第二、第三主枝可平伸或微斜插在第一主枝的相反一侧或同侧，注意保持整体造型的稳定和均衡。水平式插花如果用浅钵和盘插制时，以稍俯视效果为佳，若用瓶、筒等高身容器插制则以平视效果为佳。

#### 1. 水平式盘花的插制

本实习采用教师先示范（图2-7），学生按照步骤模仿制作的方式进行。
①在盘中放置剑山，加水至没过剑山。在盘中插入水平延展的梅枝作为第一主枝，注意与水平方向的夹角不要太大。
②在另一侧及后方插入第二、第三主枝，形成立体骨架。
③插入主花材大花萱草和玉簪。
④加入松果菊和芒叶、阔叶麦冬等填充花材和衬叶，调整花型。
⑤根据情况加入几座、垫板等配件完成作品。

#### 2. 水平式瓶花的插制

本实习采用教师先示范（图2-8），学生按照步骤模仿制作的方式进行。

①取新鲜枝材,在瓶口做"一"字撒以固定花材。
②根据花瓶大小确定第一主枝长度,插入沿水平方向延展的花枝。
③在另一侧向后方插入日本五针松作为第二主枝,第三主枝'金边'大叶黄杨向左前方插入,形成立体骨架。
④插入主花材月季,并注意花枝的高低错落。
⑤加入玉簪和后部的衬叶,调整色彩和花型。

图 2-7 水平式盘花的插制

图 2-8 水平式瓶花的插制

⑥根据情况加入几座、垫板等配件完成作品。

## 四、作业要求

（1）用瓶、盘完成水平式插花作品两件。要求：构思独特，有创意；色彩和谐，赏心悦目；符合倾斜式插花的造型要求；整体作品及花材固定要求牢固，保证每一枝花材都能浸入水中；作品完成后将操作场地整理干净。

（2）给作品命名，完成 200 字以内的意境说明。

## 实习4　中国传统插花——下垂式插花练习

### 一、目的与要求

通过下垂式瓶花的插作实践，使学生理解下垂式插花的构图要求，了解下垂式插花基本创作过程，掌握其制作技巧、花材处理技巧、花材固定技巧。

### 二、材料与用具

（1）容器：瓶、筒等高型容器。
（2）花材：创作插花所需的时令花材。包括：线状花材，如乌叶鸢尾、朱蕉、柳枝、沙地柏、蔷薇等；团块状花材，如百合、月季、菊花、芍药等；散状填充花材，如小菊、火龙珠、蔷薇果、刺芹等；块面状覆盖叶材，如革叶蕨、玉簪叶、蒲葵、多裂棕竹等。
（3）固定材料：花泥。
（4）辅助材料：绿铁丝、绿胶带等。
（5）插花工具：枝剪、剪刀、美工刀等。

### 三、方法及步骤

下垂式插制要点：该形式的构图应选用高身容器，宜选用藤本或易弯曲，柔韧性好的花材。作品最宜摆放在高于视线的几架上，仰视观赏，适于瓶、筒以及壁挂容器。
本实习采用教师先示范（图2-9），学生按照步骤模仿制作的方式进行。
①将吸满水的花泥固定于瓶口，注意上部露出瓶口约3cm，并对花泥进行适当修正。
②选用朱蕉叶作为第一主枝，根据瓶的大小确定其长短后，斜向上插入花泥中，保持叶片自然弯曲下垂。
③在另一侧插入修剪后的多裂棕竹叶，注意不要向上太高。
④插入焦点花百合，并用多裂棕竹叶片造型丰富焦点区域。
⑤插入百合花蕾进行空间调整及过渡。
⑥插入衬叶，完善花型，完成作品。
⑦可根据实际情况配置几架及垫座等。

### 四、作业要求

（1）采用瓶或筒完成下垂式插花作品一件。要求：构思独特，有创意；色彩和谐，赏心悦目；符合下垂式插花的造型要求；整体作品及花材固定要求牢固，保证每一枝花材都能浸入水中；作品完成后将操作场地整理干净。
（2）给作品命名，完成200字以内的意境说明。

图 2-9　下垂式瓶花的插制

# 模块3 西方古典插花基本造型练习

## 实习1 西方古典插花基本造型——半球型练习

### 一、目的与要求

了解西方半球型插花的基本创作过程;掌握半球型构图插花的制作技巧、花材处理技巧、花材固定技巧。

### 二、材料与用具

(1) 容器:塑料花钵或树脂、金属杯状花器。
(2) 花材:创作所需的时令花材。包括:线状花材,如朱蕉叶、一叶兰等;团块状花材,如康乃馨、月季、非洲菊等。散状填充花材,如小菊、二色补血草、多头月季、霞草等;块面状覆盖叶材,如栀子叶、大叶黄杨、蓬莱松、米兰等。
(3) 固定材料:花泥。
(4) 辅助材料:绿铁丝、绿胶带等。
(5) 插花工具:枝剪、剪刀、美工刀等。

### 三、方法及步骤

插制要点:半球型插花是四面观花型,外观呈半球形状,各个方面看高度、宽度均匀平衡。插作时注意垂直花枝高度为底边直径的1/2,轮廓要圆滑,突出半球状。一般选用团块状花材,如月季、花毛茛、康乃馨等,适用于餐桌、会议桌、茶几、冷餐台摆设,也是花束和新婚捧花常用的花型。

本实习采用教师先示范(图3-1),学生按照步骤模仿制作的方式进行。

①将吸满水的花泥固定在花器中,上部可留出2~3cm高度。用康乃馨插出半球型的底部,每枝花间保持等距,再插入1枝康乃馨确定半球型顶部,形成半球状轮廓。

②按约一个花头距离一边转动容器一边插入月季，注意保持半球形状。
③在半球形的空隙间插入小白菊，进行色彩调节，注意保持半球形状。
④插入洋桔梗和紫色小菊，丰满花型。
⑤插入折叠的朱蕉叶，遮盖花泥并调节色彩。
⑥插入蓬莱松衬托花材并遮盖花泥。调整花型，完成作品。

图 3-1　半球型插花的插制

### 四、作业要求

完成半球型插花作品一件。要求：符合西方式插花的半球型造型要求，均匀、饱满；色彩和谐、赏心悦目；花材固定牢固。作品完成后将操作场地整理干净。

## 实习2 西方古典插花基本造型——球型练习

### 一、目的与要求

了解西方球型插花的基本创作过程;掌握球型构图插花的制作技巧、花材处理技巧、花材固定技巧。

### 二、材料与用具

(1)容器:花瓶或高脚杯、烛台等。
(2)花材:创作所需的时令花材。包括:线状花材,如圆叶尤加利叶、老人须等;团块状花材,如康乃馨、月季、洋桔梗等;散状填充花材,如小菊、二色补血草、多头月季、火龙珠等;块面状覆盖叶材,如栀子叶、大叶黄杨、蓬莱松、米兰等。
(3)固定材料:花泥。
(4)辅助材料:绿铁丝、绿胶带等。
(5)插花工具:枝剪、剪刀、美工刀等。

### 三、实习方法及步骤

插制要点:球型插花外轮廓为圆球形,对称、丰满、稳定,可四面观看。插作时选用团块状花材,如月季、绣球、花毛茛、康乃馨等,上下左右均须插以相似的花朵,以保持构图的均衡。球型插花适用于窗台、大厅、服务台摆设及剪彩花球。

本实习采用教师先示范(图3-2),学生按照步骤模仿制作的方式进行。
①将吸满水的花泥固定在花器中,上部可留出3~4cm高度。
②用康乃馨和月季插出球型的基本轮廓,每枝花间保持等距。
③在球体的间隙空间插入多头小菊。
④插入尤加利叶,调整花型及色彩。
⑤点缀火龙珠,丰富造型。
⑥采用同样的方法再做一个小一点的球型。
⑦用绿铁丝将老人须别在球型插花的底部,增强作品与下部的衔接及延伸,完成作品。

### 四、作业要求

完成球型插花作品一件。要求:符合西方插花的球型造型要求,均匀、饱满;色彩和谐、赏心悦目;花材固定牢固。作品完成后将操作场地整理干净。

图 3-2 球型插花的插制

# 实习3　西方古典插花基本造型——水平型练习

## 一、目的与要求

了解西方水平型插花的基本创作过程；掌握水平型构图插花的制作技巧、花材处理技巧、花材固定技巧。

## 二、材料与用具

（1）容器：塑料花钵或金属杯等。
（2）花材：创作所需的时令花材。包括：线状花材，如金鱼草、巴西木叶、翠珠花、肾蕨、南天竹、紫罗兰、石斛兰等；团块状花材，如康乃馨、洋桔梗、月季、菊花等；散状填充花材，如小菊、多头月季、八宝景天、柳叶马鞭草、日本石竹等；块面状覆盖叶材，如栀子叶、大叶黄杨、蓬莱松、米兰、散尾葵等。
（3）固定材料：花泥。
（4）辅助材料：绿铁丝、绿胶带等。
（5）插花工具：枝剪、剪刀、美工刀等。

## 三、方法及步骤

插制要点：水平型插花的垂直花枝低矮，水平方向花枝沿容器边缘向两侧呈180°伸展或略向下，中心部位花朵较大且艳丽，两边的花朵逐渐变小，一般两侧多选用散尾葵等叶材或线形花材，水平插于容器两侧。

本实习采用教师先示范（图3-3），学生按照步骤模仿制作的方式进行。
①将吸满水的花泥固定在花器中，上部可留出3~5cm高度。
②用翠珠花插出水平型的底边长轴，可稍下垂，再用洋桔梗插出底边的短轴，确定顶部高度，底部形成椭圆形轮廓。
③从底部逐次向上插入洋桔梗，注意表面的弧面控制以及花枝分布的均匀度。
④在中心部分插入主花材月季和康乃馨。再插入小白菊和八宝景天等填充花材，填充空间并注意色彩调节。
⑤最后加入衬叶，注意衬叶不要太高，微调花型，完成作品。

## 四、作业要求

完成水平型插花作品一件。要求：符合西方式插花的水平型造型要求，均匀、饱满；色彩和谐、赏心悦目；花材固定牢固。作品完成后将操作场地整理干净。

图 3-3 水平型插花的插制

## 实习4　西方古典插花基本造型——三角型练习

### 一、目的与要求

了解西方三角型插花的基本创作过程；掌握三角型构图插花的制作技巧、花材处理技巧、花材固定技巧。

### 二、材料与用具

（1）容器：花钵、金属杯或撇口花瓶等。
（2）花材：创作所需的时令花材。包括：线状花材，如唐菖蒲、黄丽鸟蕉、蛇鞭菊、新西兰麻叶、鸟巢蕨、圆叶尤加利、石斛兰等；团块状花材，如康乃馨、月季、非洲菊、百合等；散状填充花材，如小菊、二色补血草、多头月季、火龙珠等；块面状覆盖叶材，如栀子叶、蓬莱松、米兰等。
（3）固定材料：花泥。
（4）辅助材料：绿铁丝、绿胶带等。
（5）插花工具：枝剪、剪刀、美工刀等。

### 三、方法及步骤

插制要点：三角型插花是西方式插花最普通的基本插法，多为对称的等腰三角形，通常单面观赏。插作时注意高、宽、深比例的均匀平衡。

本实习采用教师先示范（图3-4），学生按照步骤模仿制作的方式进行。

①将花泥按盆或钵口大小切块，再将花泥放入盆或体内，顶部高出容器口3~5cm以备插横向花材。

②选择新西兰麻叶和黄丽鸟蕉作为骨架的线状花材，将黄丽鸟蕉的叶片稍后斜插入花泥中间后1/4左右位置，然后在花器下部横向左右分别插入新西兰麻叶，注意左右两侧的对称，以及整体三角型的美感。

③在花泥正前方下沿插入花枝，确定三角型深度，同时在中线下部的1/4~1/3处插入焦点花月季，花材在4个端点限定的范围内按三角型轮廓均匀插入。

④用红色月季调节整体色彩，并填补空间。

⑤在花枝空隙插入填充花材橙色多头月季。

⑥插入衬叶尤加利叶，微调花型，完成作品。注意所有花材均需在端点限定的三角型空间范围内插入，同时注意花枝的均匀分布。

图 3-4 三角型插花的插制

四、作业要求

完成三角型插花作品一件。要求：符合西方三角型插花造型要求，均匀、饱满；色彩和谐、赏心悦目；花材固定牢固。作品完成后将操作场地整理干净。

# 实习5 西方古典插花基本造型——倒T型练习

## 一、目的与要求

了解西方倒T型插花的基本创作过程；掌握倒T型构图插花的制作技巧、花材处理技巧、花材固定技巧。

## 二、材料与用具

（1）容器：塑料花钵或金属杯等。
（2）花材：创作所需的时令花材。包括：线状花材，如香蒲、蛇鞭菊、巴西木叶、朱蕉、黄丽鸟蕉、紫罗兰等；团块状花材，如康乃馨、月季、洋桔梗等。散状填充花材，如小菊、多头月季、多头康乃馨等；块面状覆盖叶材，如栀子叶、大叶黄杨、蓬莱松、米兰等。
（3）固定材料：花泥。
（4）辅助材料：绿铁丝、绿胶带等。
（5）插花工具：枝剪、剪刀、美工刀等。

## 三、方法及步骤

插制要点：倒T型插花又称为可可型，类似于三角型，但纵横花枝连线内的花枝少且低；垂直方向花材较高，稍向后倾；水平方向花材贴容器边缘呈180°展开，可略向下倾斜。在垂直轴和水平轴两顶连线上不能有花，否则就成为三角型构图。
本实习采用教师先示范（图3-5），学生按照步骤模仿制作的方式进行。
①将吸满水的花泥固定在花器中，上部可留出约3cm高度。
②用香蒲叶及果序插出倒T型的轮廓。
③沿垂直和水平方向用巴西木叶和多头月季加强线性和层次。
④在垂直与水平方向相交的中心插入主花康乃馨，注意花朵的均匀分布，同时长度不能超过垂直于水平端点的连线。
⑤加入朱蕉和栀子叶对花泥进行覆盖和色彩调节，完成作品。

## 四、作业要求

完成倒T型插花作品一件。要求：符合西方倒T型插花造型要求，均匀、饱满；色彩和谐、赏心悦目；花材固定牢固。作品完成后将操作场地整理干净。

图 3-5 倒 T 型插花的插制

## 实习6 西方古典插花基本造型——L型练习

### 一、目的与要求

了解西方L型插花的基本创作过程；掌握L型构图插花的制作技巧、花材处理技巧、花材固定技巧。

### 二、材料与用具

（1）容器：高脚花器。
（2）花材：创作所需的时令花材。包括：线状花材，如香蒲、蛇鞭菊、鸟巢蕨、南天竹、肾蕨、狼尾草、黄丽鸟蕉、金鱼草等；团块状花材，如康乃馨、月季、洋桔梗、大花萱草等；散状填充花材，如小菊、多头月季、日本石竹、火龙珠、尤加利果等；块面状覆盖叶材，如栀子叶、米兰等。
（3）固定材料：花泥。
（4）辅助材料：绿铁丝、绿胶带等。
（5）插花工具：枝剪、剪刀、美工刀等。

### 三、方法及步骤

插制要点：L型插花因其外轮廓与英文字母"L"相似而得名，是一种常见的不对称的构图插花，在壁炉上面经常可以看到造型优美的L型插花。这是一根竖线与一根横线相连的造型，以竖线为主，竖线长于横线，插作时强调纵横线，纵横两交点处花枝不能太多，同时需注意重心稳定及高、宽、深的平衡。

本实习采用教师先示范（图3-6），学生按照步骤模仿制作的方式进行。
①将吸满水的花泥切好固定在花器中，上部可留出约3cm高度，以备插各方向花材。
②先将紫叶狼尾草插成L型骨架，最长的枝条直立或稍后斜插入花泥中间靠后1/4左右位置，横向花枝向右插入，注意比例。
③在紫叶狼尾草约2/3处插上第一枝多头月季，再依次往下强化L型的形态和层次。
④在垂直与水平方向焦点区域插入主花材月季和大花萱草，注意左右和前后都不要太长。
⑤沿L型插入南天竹叶作为衬叶。
⑥并在月季和大花萱草的间隙插入火龙珠和尤加利果使作品更具层次。

## 四、作业要求

完成 L 型插花作品一件。要求：符合西方 L 型插花造型要求，均匀、饱满；色彩和谐、赏心悦目；花材固定牢固。作品完成后将操作场地整理干净。

图 3-6　L 型插花的插制

# 实习7　西方古典插花基本造型——扇型练习

## 一、目的与要求

了解西方扇型插花的基本创作过程,掌握扇型构图插花的制作技巧、花材处理技巧、花材固定技巧。

## 二、材料与用具

(1) 容器:高脚花器。
(2) 花材:创作所需的时令花材。包括:线状花材,如朱蕉叶、蛇鞭菊、香蒲、黄丽鸟蕉、肾蕨等;团块状花材,如康乃馨、月季、洋桔梗等;散状填充花材,如小菊、深波叶补血草、穗状婆婆纳等;块面状覆盖叶材,如栀子叶、大叶黄杨、蓬莱松等。
(3) 固定材料:花泥。
(4) 辅助材料:绿铁丝、绿胶带等。
(5) 插花工具:枝剪、剪刀、美工刀等。

## 三、方法及步骤

插制要点:扇型插花的垂直花枝、水平枝构成等半径半圆形,其外轮廓像打开的折扇,单面观赏,造型优美,插作时垂直花枝稍向后倾斜以保持平衡,水平花枝贴花器边缘作180°展开。

本实习采用教师先示范(图3-7),学生按照步骤模仿制作的方式进行。

①将吸满水的花泥固定在花器中,上部可留出约3cm高度,以备插各方向花材。用双面胶将铁丝粘贴在朱蕉叶背,调整朱蕉叶,并均匀等距离插入花泥,形成扇型轮廓。
②沿朱蕉叶间隙分层插入小菊和洋桔梗,注意各层外轮廓依然保持扇型。
③在圆心处插入焦点花康乃馨,并用洋桔梗花蕾衔接。
④插入大叶黄杨衬托主花材及遮盖花泥。

## 四、作业要求

完成扇型插花作品一件。要求:符合西方扇型插花造型要求,均匀、饱满;色彩和谐、赏心悦目;花材固定牢固。作品完成后将操作场地整理干净。

图 3-7 扇型插花的插制

## 实习8　西方古典插花基本造型——S型练习

### 一、目的与要求

了解西方S型插花的基本创作过程；掌握S型构图插花的制作技巧、花材处理技巧、花材固定技巧。

### 二、材料与用具

（1）容器：塑料花钵或金属杯等。
（2）花材：创作所需的时令花材。包括：线状花材，如圆叶尤加利、散尾葵、石斛兰、马蹄莲、朱蕉叶、一叶兰等；团块状花材，如康乃馨、月季、百合、非洲菊等；散状填充花材，如小菊、二色补血草、多头月季、霞草等；块面状覆盖叶材，如栀子叶、大叶黄杨、蓬莱松、米兰等。
（3）固定材料：花泥。
（4）辅助材料：绿铁丝、绿胶带等。
（5）插花工具：枝剪、剪刀、美工刀等。

### 三、方法及步骤

插制要点：S型插花是西方传统插花中最常见的花型，S型主要表现柔美的曲线美与流动的动感美。插作时宜选用高身容器和自然弯曲的花材，上下主弧线之比遵循黄金分割率8∶5或5∶8较为优美。

本实习采用教师先示范（图3-8），学生按照步骤模仿制作的方式进行。
①将吸满水的花泥固定在花器中，上部可留出3~5cm高度，以便插入各方向花枝。
②在花泥的后部西北角先插上主弧线，在花泥前部的东南角插入下主弧线，构成S型骨架轮廓。
③在上下弧线交接处，即花泥中央插入主花，将花脚前倾45°，以呈现景深与层次感。
④顺上下弧线两侧错落地插入石斛兰、非洲菊花枝，丰富上下主弧线。
⑤插入紫色小菊和洋桔梗调节色彩及填补空间，在焦点周围，根据需要插入花材使焦点区域丰满且与上下弧线自然交接。
⑥根据构图需要加入衬叶和填充花，微调花型，完成作品。

### 四、作业要求

完成S型插花作品一件。要求：符合西方S型插花造型要求，均匀、饱满；色彩和谐、赏心悦目；花材固定牢固。作品完成后将操作场地整理干净。

图 3-8 S 型插花的插制

# 实习9 西方古典插花基本造型——新月型练习

## 一、目的与要求

了解西方新月型插花的基本创作过程；掌握新月型构图插花的制作技巧、花材处理技巧、花材固定技巧。

## 二、材料与用具

（1）容器：花钵或高脚容器等。
（2）花材：创作所需的时令花材。包括：线状花材，如散尾葵、圆叶尤加利、马蹄莲、石斛兰等；团块状花材，如康乃馨、月季、洋桔梗、菊花等；散状填充花材，如小菊、多头月季、霞草等；块面状覆盖叶材，如栀子叶、蓬莱松、米兰等。
（3）固定材料：花泥。
（4）辅助材料：绿铁丝、绿胶带等。
（5）插花工具：枝剪、剪刀、美工刀等。

## 三、方法及步骤

插制要点：新月型插花为单面观不对称构图，其外部轮廓像半个月亮，清新典雅。插作时主枝在容器中以弧线左右向上抱合形成新月型。花朵艳丽的插于中心位置，两侧插小花或线状花。

本实习采用教师先示范（图3-9），学生按照步骤模仿制作的方式进行。

①将吸满水的花泥固定在花器中，上部可留出3~5cm高度。选择2片散尾葵叶一长一短修剪窄后做新月型骨架，用手或借助绿铅丝将叶修整成弧形，按S型角度插入花泥，注意短枝弧线向上做出新月造型。

②距新月型弧线端部约2/3处插入用铁丝辅助弯曲的康乃馨花枝，并在焦点处插入主花材康乃馨。注意前后深度的控制。

③沿内弧线继续添加铁丝弯曲的康乃馨花枝，使新月型弧内花枝均匀，花型饱满。

④在主花枝间添加洋桔梗填补空间。

⑤用白色小菊调节颜色。

⑥加入衬叶'金边'大叶黄杨，调节色彩的同时遮盖花泥，完善花型。注意：完成的作品从侧面看前后有一定深度。

## 四、作业要求

完成新月型插花作品一件。要求：符合西方古典新月型插花造型要求，均匀、饱满；色彩和谐、赏心悦目；花材固定牢固。作品完成后将操作场地整理干净。

图 3-9　新月型插花的插制

# 模块4 现代花艺基本技法练习

## 实习1　现代花艺基本技法——捆绑与绑饰练习

### 一、目的与要求

了解目前现代花艺技法中捆绑与绑饰技法的含义及效果；掌握捆绑与绑饰技巧，并能运用于作品创作。

### 二、材料与用具

（1）容器：花钵、玻璃缸等现代花器。
（2）花材：创作所需的时令花材。包括：线状花材，如竹子、红瑞木、富贵竹等；团块状花材，如康乃馨、月季、非洲菊、百合、洋桔梗、红掌等；散状填充花材，如跳舞兰、小菊、多头月季、夕雾等；块面状覆盖叶材如蓬莱松、龟背竹、栀子叶、大叶黄杨、熊掌木等。
（3）固定材料：花泥。
（4）辅助材料：彩色铁丝、膜线、铝线、麻绳等。
（5）插花工具：枝剪、剪刀、美工刀、铁丝钳等。

### 三、方法及步骤

技法：捆绑是将枝条或茎秆以一点或多点捆绑在一起，起装饰作用或作为处理技巧，可增加花材的重量感和力度，从而表现群体的质感和力度。现代花艺中可以利用捆绑技法作支架以支撑花材。绑饰则是在捆绑的枝干或茎段的一定部位上缠绕具特殊色泽或不同质感的装饰绳或金属线，将捆绑的枝干或茎段再加以强化装饰。

本实习采用教师先示范（图4-1），学生按照步骤模仿制作的方式进行。

图 4-1 捆绑和绑饰技法运用于作品的插制

①将红瑞木枝条用金色膜线进行缠绕装饰，形成绑饰效果。其他一部分红瑞木枝条用银色膜线进行部分缠绕，可多捆绑几圈形成少许体积感。

②将吸满水的花泥固定在花器中，上部可留出 2~3cm 高度便于各个方向花枝的插入。根据容器的大小确定红瑞木枝条的长度及数量，剪切后垂直分组插入花泥。

③在作品整体的下 1/3 处插入焦点花百合。

④根据红掌的线条走向选择左侧或右侧插入，注意花枝的高低及线条的表现。

⑤在另一侧同样用非洲菊和蓬莱松平衡作品，注意露出非洲菊和蓬莱松的线条。

⑥插入衬叶，覆盖花泥及微调花型，完成作品。

### 四、作业要求

运用捆绑和绑饰技法制作一件作品。要求：构思独特，有创意；色彩和谐，赏心悦目；造型新颖别致，捆绑和绑饰技法表现明显；花材固定稳固，保证每一枝花材都能吸到水分；作品完成后将操作场地整理干净。

## 实习2 现代花艺基本技法——层叠与重叠练习

### 一、目的与要求

了解目前现代花艺技法中层叠与重叠技巧的含义及效果;掌握层叠与重叠技巧,并能运用于作品创作。

### 二、材料与用具

(1)容器:玻璃缸等透明花器。
(2)花材:创作所需的时令花材,包括:线状花材,如马蹄莲、紫罗兰、鸟巢蕨、山麦冬、竹片等;团块状花材,如康乃馨、月季、非洲菊、百合、红掌、睡莲、荷花、莲蓬等;散状填充花材,如跳舞兰、蔷薇果、小菊、金槌花等;块面状覆盖叶材,如龟背竹、熊掌木等。
(3)固定材料:花泥或剑山。
(4)辅助材料:绿铁丝、绿胶带、花胶等。
(5)插花工具:枝剪、剪刀、美工刀、铁丝钳等。

### 三、方法及步骤

技法:层叠是将花瓣或面状叶片一片片紧密地垒叠出需要的形态或造型;重叠是两层完全重复,重点表现色彩、质感的变化与层次的美感,从而增强作品的装饰效果。

本实习采用教师先示范(图4-2),学生按照步骤模仿制作的方式进行。

①将鸟巢蕨叶片在手中沿叶脉按压,使其自然弯曲。若叶脉太硬可以在叶背粘贴绿铁丝后再弯曲。将鸟巢蕨叶一层一层卷曲放入圆形玻璃缸内,形成旋涡状。

②在旋涡中心放置剑山,并在上面插入莲蓬1~2枝。

③在旋涡的其余位置插入睡莲等其他水生花卉。

④将铁丝穿入马蹄莲茎内使之自然弯曲,然后将马蹄莲插入到鸟巢蕨的层叠间隙中,注意方向与旋涡一致。

⑤可根据作品体量的大小加入小白菊进行色彩点缀,使造型更活泼。

### 四、作业要求

运用层叠或重叠技法制作一件作品。要求:构思独特,有创意;色彩和谐,赏心悦目;造型新颖别致,层叠或重叠技法表现明显;花材固定稳固,保证每一枝花材都能吸收水分;作品完成后将操作场地整理干净。

图 4-2 层叠技法运用于作品的插制

# 实习3　现代花艺基本技法——弯折练习

## 一、目的与要求

了解目前现代花艺技法中弯折技巧的含义及效果；掌握弯折技巧，并能运用于作品创作。

## 二、材料与用具

（1）容器：长方形矮花钵、针盘或花盒等现代花器。
（2）花材：创作所需的时令花材。包括：线状花材，如香蒲、水葱、旱伞草等；团块状花材，如虞美人、非洲菊、红掌、月季等；散状填充花材，如小菊、多头月季、满天星、夕雾、翠珠花等；块面状覆盖叶材，如蓬莱松、大叶黄杨、栀子叶等。
（3）固定材料：花泥。
（4）辅助材料：绿铁丝等。
（5）插花工具：枝剪、剪刀、美工刀、铁丝钳等。

## 三、方法及步骤

技法：弯折是将具空心的茎枝，如旱伞草、荷花、水葱、香蒲等折叠成各种几何图形，应用于造型中，可扩大空间感，并活跃画面。
本实习采用教师先示范（图4-3），学生按照步骤模仿制作的方式进行。
①将吸满水的花泥放入花钵中固定，注意不要露出花钵太多。
②将绿铁丝穿入水葱茎内，根据造型需要进行弯折，可折成锐角或直角等，然后进行大小、长短的变化和组合，形成空间错路或疏密的韵律。
③将翠珠花插入水葱折叠形成的空间中，利用翠珠花自由的曲线与人工的折线形成对比。
④用蓬莱松覆盖底部花泥并形成茂密草丛的效果，微调花型，完成作品。

## 四、作业要求

运用弯折技法制作一件作品。要求：构思独特，有创意；色彩和谐，赏心悦目；造型新颖别致，弯折技法表现明显；花材固定稳固，保证每一枝花材都能吸收水分；作品完成后将操作场地整理干净。

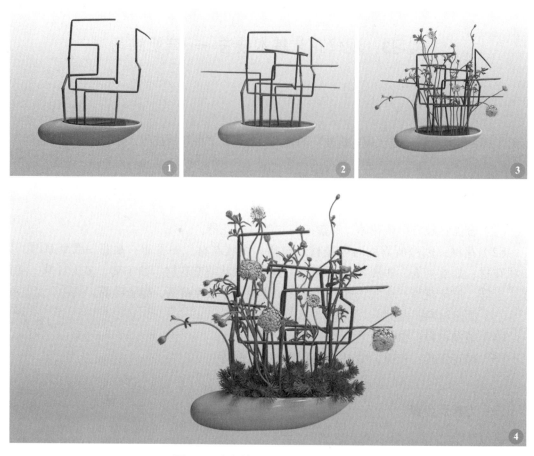

图 4-3 弯折技法运用于作品的插制

## 实习4　现代花艺基本技法——粘贴练习

### 一、目的与要求

了解目前现代花艺技法中粘贴技巧的含义及效果；掌握粘贴技巧，并能运用于作品创作。

### 二、材料与用具

（1）容器：盘、花钵等面阔的花器。
（2）花材：创作所需的时令花材。包括：线状花材，如钢草、山麦冬、跳舞兰、石斛兰、圆叶尤加利、散尾葵等；团块状花材，如康乃馨、月季、红掌、非洲菊、百合等；散状填充花材，如小菊、多头月季、火龙珠等；块面状覆盖叶材，如蓬莱松、大叶黄杨、革叶蕨、海桐、铁线蕨等。
（3）固定材料：花泥。
（4）辅助材料：绿铁丝、大头针、冷胶、喷胶、热熔胶等。
（5）插花工具：枝剪、剪刀、美工刀、铁丝钳等。

### 三、方法及步骤

技法：将叶片、花瓣、花朵、枝干或果实分解后粘贴在一起，以形成不同肌理的面或体，从而使原本单调的花艺作品表面产生不同的肌理的一种技法。一般鲜花材用冷胶，枝条和干燥花可用热融胶，该技法可以在自然之中体现手工美，丰富作品的装饰效果。

1. 球体的粘贴与设计

本实习采用教师先示范（图4-4），学生按照步骤模仿制作的方式进行。
①选用泡沫球或花泥，也可自己切割花泥呈球形或其他形体，用尤加利叶或其他叶材覆盖，可以用喷胶粘贴，也可用大头针或绿铁丝制作U型卡子固定。将粘贴好的球体进行组合，可以采用牙签将几个球固定到一起，平面或立体均可。
②在球体上插入主花石斛兰，注意主花材不要太多，以免遮盖住球体。
③利用轻盈的线性花材如铁线蕨、文竹等将球体进行衔接，从而形成整体。

2. 面块的粘贴与设计

本实习采用教师先示范（图4-5），学生按照步骤模仿制作的方式进行。
①选用有一定厚度的苯板为粘贴基材，也可以采用瓦楞纸包装箱或卡纸等，将荷叶稍微晾干失水后剪成大小适宜的叶片，用喷胶将其粘贴到苯板上。

图 4-4　粘贴技法运用于作品的插制（一）

②采用类似的方法粘贴元宝枫、朱蕉或山茶等叶片，形成大小及表面机理和色彩不用的面体数个。

③在两个面体间放置吸满水的花泥，调整面体的对齐角度，并用牙签将其与苯板固定。在花泥中插入康乃馨、小菊、石斛等花材，注意色彩的协调。

## 四、作业要求

运用粘贴技法制作一件作品。要求：构思独特，有创意；色彩和谐，赏心悦目；造型新颖别致,粘贴技法表现明显;花材固定稳固,保证每一朵花材都能吸收水分;作品完成后将操作场地整理干净。

图 4-5　粘贴技法运用于作品的插制(二)

# 实习5　现代花艺基本技法——编织练习

## 一、目的与要求

了解目前现代花艺技法中编织技巧的含义及效果；掌握编织技巧，并能可以运用于作品创作。

## 二、材料与用具

（1）容器：花钵、高脚容器等。
（2）花材：创作所需的时令花材。包括：线状花材，如石斛兰、马蔺、山麦冬、散尾葵、柳枝、文竹、阔叶武竹、常春藤等；团块状花材，如康乃馨、月季、红掌等；散状填充花材，如跳舞兰、金槌花、小菊、多头月季、翠珠花等；块面状覆盖叶材，如巴西木、熊掌木等。
（3）固定材料：花泥。
（4）辅助材料：彩色铁丝、膜线、铝线、麻绳等。
（5）插花工具：枝剪、剪刀、美工刀、铁丝钳等。

## 三、方法及步骤

技法：将柔软的可以弯折的材料如蒲葵叶、柳枝、山麦冬、马蔺等以合适的角度进行交织组合，是表现各种花材的交织变化的纹理之美与厚重感的一种技法，还可以利用其纹样及骨架进行空间透视和光影的设计。

本实习采用教师先示范（图4-6），学生按照步骤模仿制作的方式进行。
①将银色铁丝2枝相交，拧2~3圈，视花材大小间隔不同长度加入铁丝继续编织成网状，逐渐收缩下部呈半球形。
②在半球形的铁丝网上利用马蔺叶交叉编织，形成三角型织纹。
③逐渐添加马蔺叶直至铁丝网基本看不见，保留下部马蔺叶。
④用铁丝制作手柄部分，并穿过半球形顶端固定。
⑤在编制的半球形上将月季、石斛兰、金槌花等耐脱水花材采用粘贴或捆绑的方法将其固定。调整主花材及下部散开的马蔺叶，完成作品。

图 4-6 编织技法运用于作品的插制

## 四、作业要求

运用编织技法制作一件作品。要求：构思独特，有创意；色彩和谐，赏心悦目；造型新颖别致，编织技法表现明显；花材固定稳固，保证每一枝花材都能吸收水分；作品完成后将操作场地整理干净。

# 实习6　现代花艺基本技法——组群练习

## 一、目的与要求

了解目前现代花艺技法中组群技巧的含义及效果；掌握组群技巧，并能运用于作品创作。

## 二、材料与用具

（1）容器：花钵、玻璃缸、针盘等现代花器。
（2）花材：创作所需的时令花材。包括：线状花材，如朱蕉、黄丽鸟蕉、竹子、富贵竹、谷子、巴西木叶、香蒲、银茅柳等；团块状花材，如康乃馨、月季、非洲菊、百合、向日葵、红掌等；散状填充花材，如洋桔梗、小菊、女贞果、松果菊、柳枝稷、跳舞兰、多头月季、火龙珠等；块面状覆盖叶材，如蓬莱松、大叶黄杨、鹤望兰叶、熊掌木等。
（3）固定材料：花泥。
（4）辅助材料：绿铁丝、双面胶、麻绳、冷胶等
（5）插花工具：枝剪、剪刀、美工刀、铁丝钳等。

## 三、方法及步骤

技法：组群是将同一种花材聚集在一起进行插作的一种技法。根据花材聚集的方法可分为块状组群、螺旋组群、环状组群、平行组群、阶梯组群、重叠组群等。用组群技法进行平面的铺陈设计，形成俯视的水平式构图形式，可表现色彩的对比和不同质感的变化，进行阶梯式立体或水平的设计，可表现错落有序的立体感、空间感。

本实习采用教师先示范，学生按照步骤模仿制作的方式进行。

1. 分层阶梯式组群设计与制作（图4-7）
①将吸满水的花泥固定在花器中，上部与花器口齐平即可。用双面胶粘贴在巴西木叶正面，将叶由叶尖向根部卷曲并用双面胶固定。
②将卷曲的巴西木叶呈环状插入花泥中，注意叶圈的层次。
③将谷子用拉菲草捆绑呈束，垂直插入花泥中心。
④将向日葵呈环状插入花泥。
⑤用蓬莱松填充向日葵和谷子的间隙。

2. 多种组群方式花艺设计与制作（图4-8）
①将吸满水的花泥固定在花器中，上部可留出2~3cm高度，以利于各个方向花枝的

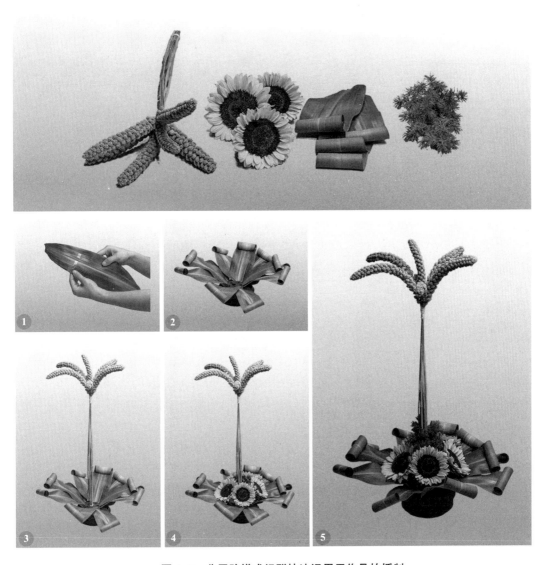

图 4-7　分层阶梯式组群技法运用于作品的插制

插入。根据容器的大小确定黄丽鸟蕉的长度，一组竖直插入花泥中。

②在容器其中一侧根据花材朝向高低错落插入一组向日葵。

③在另一侧插入鹤望兰叶片。

④在整个作品的下 1/3 处插入一组火龙珠作为焦点。

⑤在鹤望兰叶下面水平方向插入松果菊花心和香蒲果序。

⑥另一侧插入一组女贞果实和多头月季进行作品的平衡。

3. 与其他技法结合的组群式花艺设计与制作（图 4-9）

①将牛皮纸用手揉捏并卷曲成环，用铁丝将其固定。用冷胶在其表面粘贴银芽柳花

图 4-8 多种组群技法运用于作品的插制

芽，做成环状架构。

②将吸满水的花泥固定在花器中，上部可留出 3~5cm 高度，以利于各方向花枝的插入。将银叶柳环放置于容器上，并用细铁丝将其与容器固定。

③沿银芽柳环向上插入蓬莱松和火龙珠。

④在网上插入一组松果菊花心，其上再插入一组香蒲果序。

⑤将柳枝稷花序成组插入花泥中心，形成细雨濛濛的效果。

### 四、作业要求

运用组群技法制作一件作品。要求：构思独特，有创意；色彩和谐，赏心悦目；造型新颖别致，组群技法表现明显；花材固定稳固，保证每一枝花材都能吸收水分；作品完成后将操作场地整理干净。

图 4-9　与其他技法结合的组群技法运用于作品的插制

# 实习7 现代花艺基本技法——架构练习

## 一、目的与要求

了解目前现代花艺技法中架构技巧的含义及效果；掌握架构技巧，并能运用于作品创作。

## 二、材料与用具

（1）容器：花钵等现代花器。
（2）花材：创作所需的时令花材。包括：线状花材，如唐菖蒲、金鱼草、龙柳枝、木片、南天竹、山茶、巴西木叶、竹子、红瑞木、富贵竹等；团块状花材，如康乃馨、月季、非洲菊、百合、洋桔梗、菊花、红掌等；散状填充花材，如跳舞兰、小菊、翠珠花、多头月季、夕雾等；块面状覆盖叶材，如蓬莱松、龟背竹、熊掌木、新疆杨、多裂棕竹等。
（3）固定材料：花泥、试管。
（4）辅助材料：彩色铁丝、膜线、铝线、麻绳等。
（5）插花工具：枝剪、剪刀、美工刀、铁丝钳等。

## 三、方法及步骤

技法：架构由枝条或其他材料绑扎而成的框架作基本轮廓，在其上添加其他花材形成整体造型的一种现代花艺技法或风格。架构在现代花艺创作中具有双重作用，不仅是支撑固定的素材，更是构成造型的基本骨架，从而展现造型结构的美。因此，在其设计与制作中需正确处理架构与其他花材的关系，使两者成为相互依附的有机整体。架构类作品体量可大可小，表达的内涵也很丰富，是现代大型花艺设计的常用技法。

本实习采用教师先示范，学生按照步骤模仿制作进行。

1. 架构式花艺设计与制作一（图4-10）

①将漂白的龙柳枝剪成长短适宜的段。
②根据容器的大小估算架构的大小，用膜线绑扎呈近四边形的架构，架构可以现场制作，也可以事先做好备用。
③在架构的中心偏一侧高低错落加入菊花、非洲菊以及小菊，同时在架构的上、下两侧用叶材进行部分遮盖，以丰富作品的层次。
④在作品一侧加入红掌，注意红掌线形及花朵的朝向。
⑤在另一侧用山茶叶进行平衡和过渡，使架构与花材自然融入。
⑥最后将作品放入盛水的花瓶中即可。

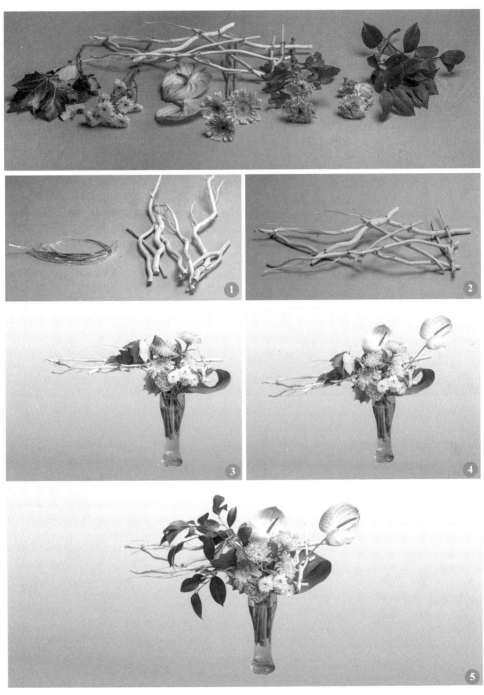

图 4-10 架构式花艺的插制（一）

## 2. 架构式花艺设计与制作二（图4-11）

①将木片剪成长短差不多的段，用热熔胶枪粘贴到圆针盘外面，注意多粘一两层，以丰富层次。

②将吸满水的花泥固定到针盘中，上部可留出2~3cm高度。在花泥中插入月季、非洲菊等主花材。

③继续插入康乃馨、小菊等进行色彩的调节，并用蓬莱松覆盖花泥。

④插入翠珠，利用其自然弯曲的线条营造向上自然散开的层次。

⑤将木片剪成小方块，并用热熔胶粘贴上铁丝。将制作好的小木片加入翠珠中，丰富作品层次，融合架构及花材，微调并完成作品。

图4-11 架构式花艺的插制（二）

## 3. 架构式花艺设计与制作三（图4-12）

①将吸满水的花泥固定到容器中，花泥与容器口齐平或稍低。将染色龙柳枝垂直分三组呈三角柱形插入花泥。

②用剪短的龙柳枝在中部绑扎，将其固定并形成架构。

③在形成的三角柱形架构中错落分层插入百合。

图4-12 架构式花艺的插制（三）

④在容器底中间插入弯折集成束的多裂棕竹和百合花蕾。
⑤在容器四周插入主花材百合及南天竹叶，覆盖花泥，调整并完成作品。

四、作业要求

插制架构式插花作品一件。要求：构思独特，有创意；色彩和谐，赏心悦目；造型新颖别致，架构技法表现明显；花材固定稳固，保证每一枝花材都能吸收水分；作品完成后将操作场地整理干净。

# 模块 5 礼仪花艺设计与制作

## 实习1 花结（丝带花）制作

### 一、目的与要求

通过花结（丝带花）制作实践，使学生掌握几种常用花结（丝带花）的制作技巧，并能运用于插花花艺作品的装饰、包装。

### 二、材料与用具

丝带、缎带、膜线、剪刀。

### 三、方法及步骤

实习采用教师先示范，学生按照步骤模仿制作的方式进行。

1. 蝴蝶结制作

蝴蝶结是应用最广泛的花结，其编法简单，有多种打法，可以直接绑缚在花束上，也可以用双面胶、热熔胶等粘贴在需要装饰的位置。

（1）单蝴蝶结扎结法一（图5-1）
①剪取长度适宜的饰带一段，用手捏住留出飘带位置的一端。
②将饰带顺时针绕一圈，在刚才手捏住的位置相交，用拇指和食指按住。
③再将上部的饰带中心按压下来，与中心点处相交，同样用手按住。
④把中心点部位的饰带皱拢在一起，用绳扎紧即成单蝴蝶结。
⑤调整蝴蝶结形状，修剪飘带。
（2）单蝴蝶结扎结法二（图5-2）
①剪取长度适宜的饰带一段，将其做出两个环，分别捏在左右手中。

图 5-1 单蝴蝶结扎结法一

②将右侧的环压在左侧环上，使两者交叉，将压在后面的环往前折，穿过下面的圈，再拉出来。

③左右两侧环各自朝外拉，中间的圈越来越小。

④用手撑起右边的环，并捏住下面的飘带后，将左侧的饰带从后往前绕一圈，使得正面朝前。

⑤向左右两边分别撑开蝴蝶结的环和飘带，拉紧蝴蝶结并调整形状。

⑥最后整理一下中心部分，修剪蝴蝶结的飘带。

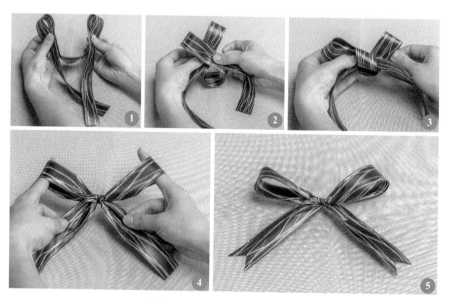

图 5-2 单蝴蝶结扎结法二

（3）双蝴蝶结扎结法一（图5-3）

①剪取长度适宜的饰带两段，其中一段稍长。
②采用细绳捆扎法将长段饰带做一个蝴蝶结。
③再做一个比完成的单蝴蝶结略小的单蝴蝶结。
④将两个蝴蝶结绑扎在一起，调整成蝴蝶状即成。
⑤也可如做单蝴蝶结一样，再做两个环，要比第一对环稍小，绑扎调整即成。

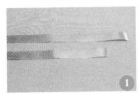

图5-3　双蝴蝶结扎结法一

（4）双蝴蝶结扎结法二（图5-4）

①先将饰带做一个环，将做好的环横过来，再往上叠两道。
②出四个环后，用手压住饰带中心，从上往下将剩余的饰带围着中心绕一圈。
③捏着绕上来的饰带，穿过刚才绕圈形成的圈。
④一边用手捏住中心点，一边将饰带拉紧。
⑤调整蝴蝶结形状，并修剪飘带。

注意：该双蝴蝶结制作过程中需多次翻折饰带，因此需选择无正反面之分的饰带。

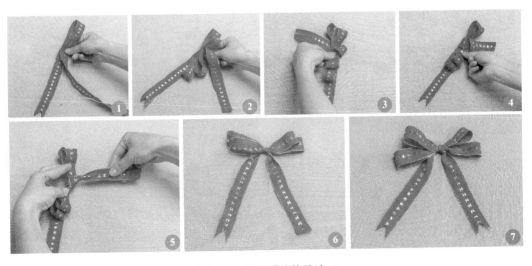

图5-4　双蝴蝶结扎结法二

2. 波浪结制作

波浪结简单大方，结中心部分平整，常用于礼盒、花篮及胸花的装饰。波浪结的制作步骤如下（图5-5）。

①将丝带一端绕一圆圈按住，作为波浪结的中心圆环。
②顺丝带另一端，分别在左右各绕出一个环，注意两个环应大小一致。
③重复前面绕环动作，直至出现2~3层波浪状环。
④用订书机在中心圆圈底部钉住。如需飘带，可根据长度需要固定在基部中央处。

注意：因波浪结绕环时丝带有翻折，因此只能使用无图案丝带，中心圆环两侧的圆环要匀称，并逐渐加大。

图 5-5　波浪结扎法步骤

3. 法式结制作

法式结以其层叠的花瓣和完整的花型成为装饰结中最具浪漫气息的花结，常用于手捧花、花环及花篮中，单面丝带或稍硬挺的缎带是制作法式结的最佳材料，其花结立体感强，典雅华贵。法式结的制作方法如下（图5-6）。

①先将缎带的一端绕个圈，当作中心点，在食指与拇指交汇处扭转出缎带正面。
②在第一个环的边再绕一个环，在食指与拇指交汇处扭转出缎带正面。
③在另一侧相对的地方绕上一个大小相同的环，扭转缎带至正面。
④采用同样的方法，在上侧再绕上对称的两个环。
⑤在中心线下侧再绕上对称的两个环。

图 5-6 法式结扎法演示

⑥再沿中心线绕两个对称的相对大一点的环。
⑦将缎带尾部预留所需的长度,用膜线从中心的圈穿过并绑紧。
⑧剪开缎带尾部,完成法式结。如想做更大的法式结,只要重复步骤④~⑥即可。

4. 绣球结制作

绣球结呈球形,典雅大方,有花团锦簇的缤纷感,广泛应用于各种花束、开业花篮及婚礼拱门、甬道等的装饰中。其制作步骤如下(图 5-7)。

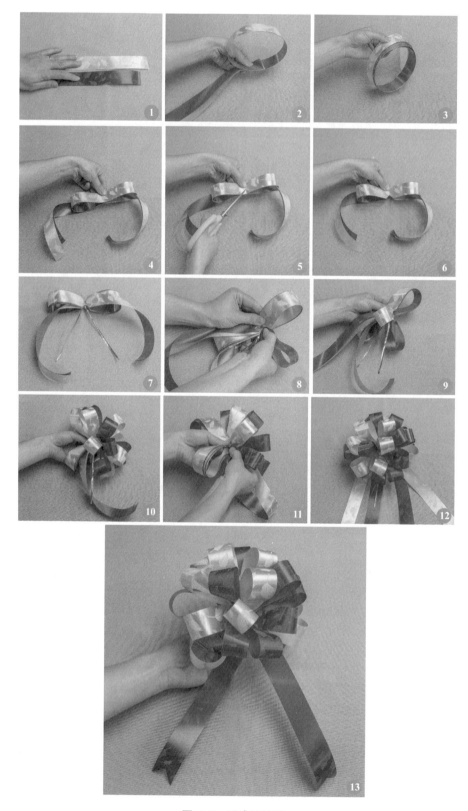

图 5-7 绣球结扎法

①根据装饰的位置和花艺作品大小，预估绣球结的大小及直径，取丝带绕成适宜大小的同心圆6~8圈。对齐后，剪去多余的丝带，也可预留一段丝带作为绣球结的飘带。

②将圆环中间压扁、对折，将对折部位两侧各剪出小"V"形状，保留中间约1/3宽度连接。

③用膜线或细绳将剪口部分扎紧，形成左右各一个含多层丝带的环。

④将其中一端的每一个圈由里至外一左一右拉开并拧转，调整均匀；按同法将另一侧圆环一左一右拉出拧转。

⑤调整拉出的圆环，使均匀分布呈完整的球状。固定飘带，完成绣球结。如想做更大的球结，只要在步骤①的基础上放大直径，然后再多叠几层即可。

注意：在用绳绑紧中间时，绑紧并打死结；将各层圆环逐次一左一右拉出拧转时，注意要捏紧基部，不使端部曲线受到折损，否则易成为一个扁圆，不能形成球形。

5. 酢浆草结制作

饰带除了常用的丝带、缎带外，还有各色的麻绳、皮绳等，装饰绳结最常用的一种是蝴蝶结，其做法同丝带；另一种常用的是酢浆草结。酢浆草结因形状类似酢浆草而得名，因双耳如蝴蝶状，又称为中国式蝴蝶结，在日本则称为幔帐结。其结形美观，由绳的一头编织而成，因此可以演化成许多变化结式，应用很广，在制作传统风格的礼仪花艺作品时，酢浆草结是首选的装饰。其制作方法如下（图5-8）。

①以下端细绳为A，上端为B，然后以未来结所在的地方为中心对折。

②在距离中心2~3cm的地方，将绳下端弯起来，做出一个环。

③将A由前往后穿过，用手指按住重叠的部分。

④将B向下弯折，使脚朝上，穿进刚才的环。再捏住B的脚如将B图所示，穿过下方的两个环。

⑤将B折回来，从左向右穿过右下方的环。

⑥按照箭头所示方向，用手小心地展开。

⑦捏住细绳的脚，慢慢地收紧中间的结，让三个环大小相同，最后调整一下形状。

四、作业要求

独立完成5种不同丝带花制作。要求：造型丰满、完整、协调；固定牢固、扎紧；作品完成后将操作场地整理干净。

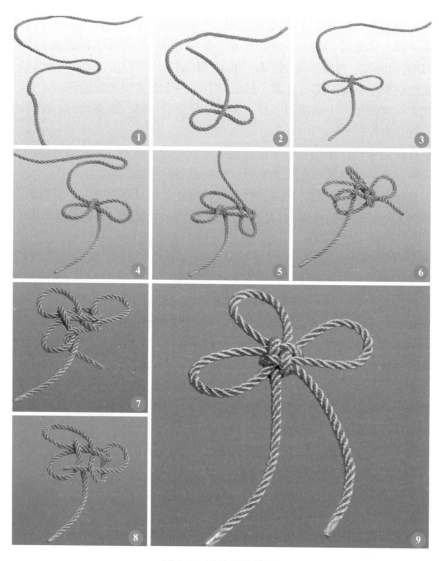

图 5-8 酢浆草结扎法

# 实习2 胸花设计与制作

## 一、目的与要求

了解胸花的构图要求及基本制作过程；掌握胸花的制作技巧、花材处理、固定及花柄处理技巧。

## 二、材料与工具

（1）花材：创作所需的时令花材。主花材可选月季、洋桔梗、蝴蝶兰、石斛、康乃馨等耐脱水团块状花材；补充花材可选二色补血草、夕雾、柳叶马鞭草、霞草（满天星）等散状花材或蔷薇、火龙珠等小果材；背景叶材可选如熊掌木叶、圆叶尤加利叶、革叶蕨、星点木、山麦冬等。

（2）固定材料：铁丝、绿胶带。

（3）辅助材料：缎带、珠针、胸花扣等。

（4）插花工具：剪刀、美工刀等。

## 三、方法及步骤

实习采用教师先示范（图5-9），学生按照步骤模仿制作的方式进行。

①取一朵蝴蝶兰或洋桔梗或月季，将长度约10cm的铁丝对折，从花朵中心穿过，用绿胶带将铁丝包起来。

②花朵后端加几片绿叶，用绿胶带包起来。

③前端加霞草（满天星）或其他雾状小花，然后再加一片星点木或其他叶材，用绿胶带包起来。

④可以是单朵花，如感觉单朵太小可以再加一朵，组合起来用绿胶带包好。

⑤用绿胶带将胸花扣的一半包好。

⑥制作一个丝带花扎在胸花基部，整理胸花造型并别上串珠装饰即可。

## 四、作业要求

自选不同应用场合，独立完成两个胸花作品。要求：符合场景佩戴；构思独特，有创意；色彩和谐，赏心悦目、大小适度；整体扎制牢固；无尖刺、铁丝露出等；作品完成后将操作场地整理干净。

图 5-9 胸花制作

## 实习3　花束设计与制作

### 一、目的与要求

通过实践，使学生理解四面观半球形花束、单面观花束及架构花束的构图要求，了解其基本创作过程，掌握不同花束的制作技巧、花材处理技巧、花材固定技巧以及花束包装技巧。在教师的指导下完成相应的花束作品。

### 二、材料与工具

（1）花材：花束制作所需的时令花材。包括：线形花材，如绣线菊枝、圆叶尤加利、木片等；主体花材，如百合、菊花、月季、洋桔梗、康乃馨、向日葵等团块状花；填充花材，如小菊、金槌花、火龙珠、柽柳、狗尾草、日本石竹、霞草（满天星）等散状花；叶材，如栀子叶、银叶菊、龟背竹、海桐等。

（2）辅助材料：玻璃纸、瓦楞纸、落水纸、牛皮纸等多种包装纸，丝带、绿铁丝、麻绳、拉菲草、胶带、双面胶、订书机等。

（3）插花工具：枝剪、剪刀、美工刀、铁丝钳等。

### 三、方法及步骤

花束制作要点：完整的花束由花体、手柄和装饰物三部分组成。常见的花束有四面观半球形花束、单面观花束和架构花束。

花体部分是花束的核心，最重要的是解决好花枝的排列和固定，保证花束不易变形。无论何种花束，花体部分的花朵都要自然舒展，手柄部分圆整紧密。其制作方法多种多样，其中以螺旋法最科学规范，是最主要的方法。

花束用包装方式进行装饰，方便携带。常用的包装方法有简易包装、花托式包装、平角式包装、半围包装及多层圆围包装等。

实习采用教师先示范，学生按照步骤模仿制作的方式进行。

1. 四面观花束制作

四面观花束在周围任何一个角度都能欣赏，体量可大可小，形态多数较为对称，也可局部外挑，不对称组群等。本次以四面观半球形花束制作为例，其制作步骤如下（图5-10）。

图5-10 四面观花束的制作

①将所用的花材从花头往下25~30cm之下的叶片清除,保留花枝长度约40cm,去除

棘刺与外层影响美观的花瓣，分解太大的花枝等，并分类放置于操作台上。

②以月季为主花材，加入火龙珠和尤加利叶为衬材，起填充和加持作用，用螺旋法插制，每加1枝月季应同时根据周围空间情况加上衬材，由中央向外插制，保持花朵中央稍高、四周低，表面为一完整的半球形。

③调整好花型后，在交点处用麻绳或胶带将花束主体捆紧。

④视花束大小，在交点向下1.5~2个握把处，用枝剪将花枝剪齐，注意中间花枝需稍短一点，即可立于操作台上。

⑤取玻璃纸一张，中心放在花束基部，四周向上兜住花束，在交点处用胶带扎紧。

⑥取瓦楞纸按花束高度进行裁剪，在握把高度用手横向抓捏瓦楞纸后沿花体外沿包裹，注意不要太紧。

⑦在交点处用胶带或丝带扎紧，然后装饰上丝带花。

花束的包装方式多样，四面观花束也可采用单面包装的方式进行包装（图5-11、图5-12）。

图5-11 四面观花束的包装（一）

图 5-12　四面观花束的包装（二）

2. 单面观扇形花束制作

单面观花束只有一个观赏面，要求花朵主视面朝外，背部用包装纸衬垫。单面观花束主要有三角形花束、扇形花束、直线形花束、花盒花束等。本文以单面观扇形花束制作为例，其制作步骤如下（图5-13）。

图 5-13　单面观花束的制作

图 5-13 单面观花束的制作（续）

①清除所用的花材从花头往下约 30cm 以下的叶片，保留花枝长度约 50cm，去除棘刺及外层影响美观的花瓣和分解太大的花枝等，并分类按花枝长短放置于操作台上。

②利用较长的线形花材在手中扎成中间高、两侧稍低的背景造型。

③用月季由上至下按螺旋法分层放入，适当添加叶材及尤加利叶等填充花材。

④调整花束轮廓大体呈三角形，在交点处用麻绳捆紧。

⑤在交点向下 1.5~2 个握把处，用枝剪将花枝剪齐，稍加调整完成造型。

⑥取玻璃纸一张，中心放在花束基部，四周向上兜住花束，在交点处用胶带扎紧。

⑦将花束放于衬有透明玻璃纸的一侧反折包装纸的中部，上下取齐，在握把上沿处捆绑好。

⑧左右两侧可根据花束大小增加 1~2 层稍短些的包装纸，下面取齐，并在观赏面前方覆盖一层包装纸，在交点处用胶带扎紧。

⑨系上丝带花，完成花束的包装。

3. 架构花束的制作

架构是现代花艺常用的一种表现方式，是将花束造型先用植物材料或异质素材做出框架，再将鲜花组合进去。架构在其中起到装饰和固定花枝的双重作用，其制作的关键在于架构的处理和花材的配置。本实习以铁丝编织加木片圈的架构制作为例，其制作步骤如下（图 5-14）。

①取 20# 铁丝 10 根聚集在一起，在 15cm 处用细铁丝绑紧，上部弯折平展，将平面圆等分。

②以 22# 铁丝沿着圆心开始紧密盘绕，形成中心小圆盘。

③以 22# 铁丝沿着小圆盘开始像蜘蛛网一样稀疏盘绕。

④将薄木片用铁丝捆成圆环，并将其固定在铁丝编织的圆盘架构上。

⑤清除花材花头下 25~30cm 之下的叶片，保留花枝长度约 40cm，去除棘刺及外层影响美观的花瓣，分解太大的花枝等，并分类放置于操作台上。

⑥以洋桔梗、白月季、百合为主花材，加入小白菊、康乃馨、尤加利叶、柽柳等配材，同样以铁丝握把为中心，采用螺旋法逐次添加花枝，形成中央稍高、四周低，表面为一圆整的扁半球形的花束。

⑦调整好花型后，在交点处用麻绳将花束主体捆紧。

⑧视花束大小，从交点向下 1.5~2 个握把处，用铁丝钳将铁丝剪断，将花枝剪齐后立于操作台上。

⑨架构花束可直接放于花瓶中进行展示，若需携带，也可按之前的方法进行包装。

花束制作注意事项：

①衬材要略低于主花材，与主花材同时一束束地加入花束中。

②花材的交点部位不可错位，花型调整好后要捆紧。包装纸的固定，都要在花束交点处绑扎。

③花束包装要烘托花束主体，色彩上要有适当对比，不宜过分艳丽，喧宾夺主。

④重视安全性，不可有硬质尖锐物露出，如枝刺、铁丝端部等。也不可使用异味材料，或导致衣物污染的材料，如百合花药。

图 5-14 架构花束的制作

### 四、作业要求

独立完成两个花束作品。要求：构思独特，有创意；色彩和谐，赏心悦目；符合花束的造型要求；整体作品扎制要求牢固，花型不变，能立在桌面上；握把舒适，无尖刺、铁丝等；保证花朵在包装塑料纸内保持湿润；作品完成后将操作场地整理干净。

## 实习4　新娘捧花设计与制作

### 一、目的与要求

了解新娘手捧花的创作过程；掌握花托式捧花的制作技巧、花材处理技巧、花材固定技巧。

### 二、材料与工具

（1）花材：主花可选用如蝴蝶兰、月季、大花蕙兰、康乃馨、洋桔梗等团块状花材；补充花可选多头月季、火龙珠、松果菊、小菊、霞草（满天星）等散状花材；叶材可选用栀子叶、米兰、圆叶尤加利等。
（2）固定材料：捧花花托。
（3）辅助材料：缎带、珠针、冷胶、绿铁丝等。
（4）插花工具：枝剪、胶枪、美工刀等。

### 三、方法及步骤

插制要点：新娘捧花是一种特殊场合使用的花束，形式多样，可用普通螺旋法、架构式螺旋法制作手捧花束或用花托插制等。由于婚礼仪式过程多，因此捧花必须插制牢固，不能出现脱落、造型散乱的情况。普通螺旋法或架构式螺旋法手绑花束牢固不易脱落。而采用专用捧花花托插制的新娘捧花，可采用不易折断的花枝插制、花枝基部缠铁丝法、基部留叶基、枝及刺法等方法以增加花枝牢固度。

实习采用教师先示范（图5-15），学生按照步骤模仿制作的方式进行。
①打开花托，将花泥放入水中使花泥充分吸水，将选定的花材整理好并去掉下部叶片。
②用康乃馨或月季等主花枝先插出半球形新娘捧花的轮廓。
③为活跃气氛，增加作品的层次感，再加入填充花材火龙珠及叶材圆叶尤加利等。
④下部花托用冷胶粘贴叶片加以装饰和掩盖。
⑤握把部分用缎带缠绕并用珠针固定。

### 四、作业要求

独立完成一件新娘捧花作品，要求：构思独特，有创意；色彩和谐，赏心悦目；符合半球形新娘捧花的造型要求；整体作品插制要求牢固，花型不变；握把舒适，没有尖刺、铁丝等露出；作品完成后将操作场地整理干净。

图 5-15　花托式新娘手捧花的制作

## 实习5　礼仪花盒设计与制作

### 一、目的与要求

通过花盒的插作实践,使学生理解花盒的构图要求,了解礼仪花盒的基本创作过程,掌握花盒的配色、制作技巧以及花盒的装饰等技巧。在教师的指导下完成一件礼仪花盒作品。

### 二、材料与工具

(1)花材:主花可选用如绣球、月季、洋桔梗、康乃馨等团块状花材;补充花可选多头月季、小菊、霞草(满天星)、火龙珠、尤加利果等散状花材;叶材可选用米兰、圆叶尤加利、蓬莱松等。
(2)固定材料:花泥。
(3)辅助材料:花盒、缎带、玻璃纸、珠链、亚克力宝石等。
(4)插花工具:枝剪、胶枪、美工刀等。

### 三、方法及步骤

插制要点:花盒便于与其他礼物如糖果、巧克力、月饼、红酒,甚至珠宝礼品等配合,装饰其他物品。花盒的形态、色彩及材料丰富,可以完全盖上也可半打开,选择范围非常广泛,可根据对方的性格特质等进行花盒形式和花材的组合。

实习采用教师先示范(图5-16),学生按照步骤模仿制作的方式进行。
①将花泥放入水中使花泥充分吸水,在花盒内部铺上一层防水包装纸,然后根据花盒的形状切花泥。
②用康乃馨或月季等主花材先插出主要图案或覆盖花泥的主体部分,注意花朵的间距有大有小。
③再加入填充花材火龙珠及叶材尤加利叶等增加作品的层次感及调节色彩。
④用缎带或珠链、亚克力宝石等点缀花盒。
⑤根据花盒情况可用缎带等对花盒进行装饰。

### 四、作业要求

花盒作品评价标准:构思独特,有创意;色彩和谐,赏心悦目;符合花盒造型要求;

整体作品插制要求牢固，花型不变；普通花盒的盖子能盖上，不漏水；作品完成后将操作场地整理干净。

图5-16 花盒制作

# 实习6　礼仪花篮设计与制作

## 一、目的与要求

了解礼仪花篮制作的要点，掌握其造型技艺。通过生日花篮插作的实践，使学生理解礼仪花篮的构图要求，了解生日花篮的基本创作过程，掌握花篮的制作技巧、花材处理技巧、花材固定技巧。

## 二、材料与工具

（1）花材：创作所需的时令花材。包括：线状花材，如鸢尾、蛇鞭菊、菖蒲、圆叶尤加利叶、巴西木叶等；团块状花材，如百合、洋桔梗、月季、康乃馨、荷花、莲蓬、非洲菊等；散状填充花材，如小菊、补血草、霞草（满天星）、玉簪等；块面状覆盖叶材，如龟背竹、栀子叶等。
（2）容器：小花篮。
（3）固定材料：花泥。
（4）辅助材料：玻璃纸、绿铁丝、绿胶布、丝带等。
（5）插花工具：剪刀、美工刀等。

## 三、方法及步骤

插制方法：在日常社交礼仪活动中，花篮常用于节日庆典、开业典礼、年会会场、生日礼品及探视病人等，包括果蔬花篮、礼品花篮、生日花篮及庆贺花篮等。常见的花篮是用柳条、藤条或竹篾编制而成的，可以根据应用场合、花篮质地和性状，选用各种造型。

1. 生日花篮的制作

生日花篮是最常应用的形式，儿童花篮讲究造型活泼和内容的多样，除了花材以外，儿童喜爱的气球、食品、玩具等常融入其中。青年之间的生日花篮则讲究浪漫情调，花材选择讲究寓意，色彩或温馨或浓烈。祝寿花篮常选用水仙、松枝、鹤望兰、南天竹、柿子等寓意吉祥长寿的花材，再加入寿桃、寿糕等。

本实习以青年之间赠送的礼仪花篮为例，采用教师先示范（图5-17），学生按照步骤模仿制作的方式进行。

①在花篮中垫入塑料纸，放入吸好水的花泥。
②在篮的左、右两侧不均匀地各插入一组白月季。

③在白月季周围空隙插入康乃馨。
④在空余地方插入洋桔梗，注意层次。
⑤在左右两侧稍空的地方插入玉簪、百合，注意层次稍高一点。
⑥插入荷花及莲蓬，点明夏日主题。
⑦插入白色和深紫色小菊，调节花篮色彩。
⑧最后插入圆叶尤加利叶，尤其是在花篮边沿位置，注意衔接和层次，完成作品。
⑨可根据情况在提梁上或一侧加饰丝带花结。

图5-17 生日花篮的制作

2. 扇形庆典花篮的插制

为了烘托欢度节庆的喜庆热烈气氛常选用色彩对比强烈的暖色调色彩来插制庆典花篮。本实习以应用最普遍的扇形开业花篮为例进行庆典花篮的插制，采用教师先示范（图5-18），学生按照步骤模仿制作的方式进行。

①根据布置需要或客人要求，确定花篮的大小，以前常使用双层脱皮柳编的花篮，现在为节省空间及让花篮下部更干净，常用三角架。
②在三角架上层的针盘内放入浸透水的花泥，并用胶带固定牢。
③插好衬叶，使之呈整齐的扇形，衬叶应稍高出内部花材造型，起到衬托花材造型的作用。
④将主花材从上至下呈梅花形插制，花材间距相等，分布均匀，造型表面亦为弧面，正视为扇形，如孔雀开屏。

图 5-18　庆典花篮的制作

⑤加入填充花材调节色彩及空间位置。
⑥加入栀子叶、巴西木叶等叶材以丰富花型,并遮盖花泥。
⑦完成造型后,根据需要在三脚架交叉位置装饰丝带花结或纱幔。
⑧根据需要加上条幅,上联写赠予的单位或个人,下联写赠花的单位或个人。

### 四、作业要求

每人完成一件花篮作品。要求:构思独特,有创意;色彩和谐,赏心悦目;符合花篮造型要求;整体作品插制要求牢固,花型不变;作品完成后将操作场地整理干净;保证每一枝花材都能吸收水分。